Made in the USA
Monee, IL
08 November 2026

67972894R00063